BEI GRIN MACHT SICH IHR WISSEN BEZAHLT

AF144183

- Wir veröffentlichen Ihre Hausarbeit, Bachelor- und Masterarbeit

- Ihr eigenes eBook und Buch - weltweit in allen wichtigen Shops

- Verdienen Sie an jedem Verkauf

Jetzt bei www.GRIN.com hochladen und kostenlos publizieren

Marc A. Bauch

Zahlbereichserweiterung durch Bruchteile

GRIN Verlag

Bibliografische Information der Deutschen Nationalbibliothek:

Die Deutsche Bibliothek verzeichnet diese Publikation in der Deutschen National-
bibliografie; detaillierte bibliografische Daten sind im Internet über http://dnb.d-
nb.de/ abrufbar.

Impressum:

Copyright © 2007 GRIN Verlag GmbH
Druck und Bindung: Books on Demand GmbH, Norderstedt Germany
ISBN: 978-3-638-86475-6

Dieses Buch bei GRIN:

http://www.grin.com/de/e-book/84781/zahlbereichserweiterung-durch-bruchteile

GRIN - Your knowledge has value

Der GRIN Verlag publiziert seit 1998 wissenschaftliche Arbeiten von Studenten, Hochschullehrern und anderen Akademikern als eBook und gedrucktes Buch. Die Verlagswebsite www.grin.com ist die ideale Plattform zur Veröffentlichung von Hausarbeiten, Abschlussarbeiten, wissenschaftlichen Aufsätzen, Dissertationen und Fachbüchern.

Besuchen Sie uns im Internet:

http://www.grin.com/

http://www.facebook.com/grincom

http://www.twitter.com/grin_com

Zahlbereichserweiterung durch Bruchteile

von
Marc A. Bauch

meiner Schwester Susanne gewidmet

Vorwort

Die neuen Lehrpläne für Klasse 5 sehen eine Einführung in Bruchteile vor. Dabei handelt es sich um eine propädeutische Einführung in die Bruchrechnung. Eine solche Unterrichtsreihe lässt sich durch den Themenkomplex Größen oder aber auch durch die Alltagssprache (viertel nach zehn, ein halber Liter, ...) oder Kenntnisse aus der Musik (3/4-Takt) motivieren.

Das vorliegende Buch beinhaltet eine Einordnung der Unterrichtsstunde in die Unterrichtsreihe, die Analyse des Lehrstoffs, didaktische und methodische Entscheidungen, den Verlauf der Stunde und Arbeitsmaterialien. Das Arbeitsmaterial soll Lehrern und Didaktikern als Hilfe und Anregung dienen. Die in diesem Buch vorgestellte Unterrichtsstunde und die enthaltenen Arbeitsmaterialien entstanden während meines Mathematikunterrichts im Schuljahr 2002 / 2003 und kamen auch in den Schuljahren danach erfolgreich zum Einsatz.

Ich wünsche meinen Lesern einen Teil der Freude, die ich beim Verfassen des vorliegenden Buchs hatte. Ich würde mich freuen, wenn ein Funke meiner Begeisterung für die Zahlbereichserweiterung auf den fachkundigen Leser überspringt.

Hermeskeil, im Januar 2008 Marc A. Bauch

Inhaltsverzeichnis

1. Einordnung der Unterrichtsstunde in die Unterrichtsreihe

Im Rahmen des achtjährigen Gymnasiums im Saarland werden in der Klassenstufe 5 Brüche behandelt. Dabei soll nach dem neuen G8-Lehrplan das Wissen der Schüler aus der Grundschule und aus dem Alltag zusammengeführt und erweitert werden. „Mit Hilfe von Größen und Figuren werden adäquate Grundvorstellungen von Bruchteilen entwickelt. [...] Eine systematische Behandlung von Bruchzahlen ist hier nicht vorgesehen."[1] Es sollen Grundvorstellungen von Bruch*teilen* und keine Bruch*rechnung* vermittelt werden. Die Einführung versteht sich als Propädeutik.

Im G8-Lehrplan sind nicht mehr wie bisher Lernziele formuliert; es gibt lediglich die beiden Rubriken „Verbindliche Inhalte" und „Vorschläge und Hinweise". Das Thema der vorzustellenden Unterrichtsstunde lautet „Zahlbereichserweiterung durch Bruchteile" und ist dem Bereich „Bruchteile von Größen" zuzuordnen. In der vorzustellenden Unterrichtsstunde werden inhaltliche Vorstellungen entwickelt.

---

[1] *Lehrplan Achtjähriges Gymnasium Mathematik Klassenstufe 5* (Saarbrücken, 2001), S. 18.

2 Analyse des Lernstoffs

Da in der vorzustellenden Unterrichtsstunde Bruchteile propädeutisch eingeführt werden und keine Bruchrechnung betrieben wird, ist es schwierig, hier eine fachwissenschaftliche Analyse des Lernstoffs zu geben. Daher gliedert sich Kapitel 2 in folgende Unterabschnitte:

(1) Historisches

(2) Fachwissenschaftliche Analyse über Grundlagen der gebrochenen oder positiven rationalen Zahlen $\square_0^+$

(3) Entwicklung der Bruchrechnung in der Fachdidaktik

2.1 Historisches[2]

Bereits die alten Ägypter kannten Brüche, wie der Papyrus Rhind bezeugt. Dieses Zeugnis enthält eine Abschrift eines schon 100 Jahre früher verfassten Rechenbuchs, das Ahmes zwischen 1800 und 1600 v. Chr. abschrieb. Historisch bezeichnen Brüche Teile eines Ganzen. Dies kommt auch durch die alten babylonischen Zahlzeichen für ½, nämlich ein halber Brotfladen, bzw. ¼, zwei sich kreuzende Schnitte, zum Ausdruck. Auch die Römer verwendeten Brüche, jedoch nur solche mit Nenner 12, was von der Unterteilung des As in 12 Unzen herrührt.

Die Brüche und mit ihnen verbunden die Bruchrechnung, wie wir sie kennen, stammt von den Indern. Im Mittelalter hat sich die Bruchrechnung auch in Deutschland eingebürgert.

---

2 Für den historischen Teil wurden folgende Bücher verwendet:

Rainer Maroska, *Schnittpunkte 6* (Stuttgart, 1994), S. 35.

Walter Geller, *Mathematik Ratgeber* (Frankfurt, 1988), S. 28.

Vor ungefähr 2500 Jahren verwendeten indische Mathematiker Bruchstriche. Bei uns wurde der Bruchstrich erst um 1500 üblich. In einem Rechenbuch von 1514 wurde für ½ das römische Zahlzeichen für eins durch einen Halbierungsstrich in der Mitte halbiert.

Erst um 1700 wurde die Bruchrechnung an allgemeinen Schulen unterrichtet. Man rechnete damals ohne Begründungen, aber nach Gedächtnisregeln. Die Dezimalbrüche haben sich erst sehr spät entwickelt. Simon Stevin (1548-1620) ist für deren Durchbruch verantwortlich. Die Dezimalbrüche führten zu dezimal geteilten Münz-, Maß- und Gewichtssystemen.

2.2 Fachwissenschaftliche Analyse[3]

Motivation:

Beim Teilen und Messen wird ein Zahlbereich gefordert, in dem nicht nur die möglichen Operationen der natürlichen Zahlen durchführbar sind, sondern wo auch uneingeschränkt dividiert werden kann. Im allgemeinen besitzt die Gleichung

$$(*) \quad q \cdot x = p \text{ mit } q \in \Box^* \text{ und } p \in \Box$$

keine Lösung in $\Box$. Zur Lösung der Gleichung (*) wird eine Zahlbereichserweiterung durchgeführt, bei der das *Problem* eine Lösung besitzt. Dar-

---

[3] Für die fachwissenschaftliche Analyse wurden folgende Bücher verwendet :

Richard Courant und Herbert Robbins, *Was ist Mathematik* (Berlin, 1992), S. 42-47.

Walter Geller, *Mathematik Ratgeber* (Frankfurt, 1988), S. 64-65.

Fritz Reinhardt und Heinrich Soeder, *dtv-Atlas zur Mathematik. Band 1* (München, 1974), S. 56-57.

Reinhard Strehl, *Zahlbereiche* (Freiburg, 1972), S. 95-114.

über hinaus sollen die natürlichen Zahlen als Teilbereich in diesem Zahlbereich enthalten sein.

Beispiel:

(1)   Will man 3 Tafeln Schokolade auf 3 Kinder aufteilen, so rechnet man 3:3=1, also jedes Kind bekommt eine Tafel Schokolade.

(2)   Will man 1 Tafel Schokolade auf 3 Kinder aufteilen, so ist die analoge Divisionsaufgabe 1:3 in $\square$ nicht lösbar. *Praktisch* ist es jedoch möglich, die Tafel Schokolade gleichmäßig auf 3 Kinder aufzuteilen.

Ausweg zu Beispiel (2):

Man nimmt ein Messer und teilt die Schokolade in drei gleich große Teile. Der Anteil eines jeden Kindes aus unserem obigen Problem wird somit durch den Bruch ⅓ gekennzeichnet. Auch ähnliche Fälle führen auf Brüche bzw. Bruchteile.

Idee:

Wir bilden geordnete Paare von natürlichen Zahlen $n \in \square^*$ und $m \in \square$ und schreiben sie in Bruchform $\frac{m}{n}$.

Definition (*Bruch, Nenner, Zähler, Bruchstrich*):
Jeder *Bruch* hat die Form $\frac{m}{n}$ oder m/n mit $m \in \square$ und $n \in \square^*$. Der *Nenner n* eines Bruchs gibt an, in wie viele Teile ein Ganzes zerlegt wird. Der *Zähler m* zählt die Teile, die davon berücksichtigt werden. Der *Bruchstrich* verläuft waagerecht. So lange die Übersichtlichkeit nicht leidet, sind auch schräge Bruchstriche zugelassen.

Bezeichnungen:

(1) Brüche mit Zähler 1 heißen *Stammbrüche*.

(2) Brüche, deren Zähler kleiner ist als der Nenner, heißen *echte Brüche*.

(3) Brüche, deren Zähler größer oder gleich ist als der Nenner, heißen *unechte Brüche*.

(4) Ist der Zähler eines Bruchs gleich dem Nenner eines anderen Bruchs und umgekehrt, so heißen die Brüche *zueinander reziprok*.

(5) Brüche mit gleichem Nenner heißen *gleichnamige Brüche*. Sonst heißen sie *ungleichnamige Brüche*.

Konstruktion der neuen Zahlen:

Zwei Brüche $\frac{m}{n}$ und $\frac{p}{q}$ nennen wir *quotientengleich*, also $\frac{m}{n} = \frac{p}{q}$, wenn gilt $m \cdot q = n \cdot p$. Beispiel: $\frac{1}{3} = \frac{2}{6}$, denn $1 \cdot 6 = 6 = 3 \cdot 2$. Die Quotientengleichheit erfüllt alle Eigenschaften einer *Äquivalenzrelation*. Alle quotientengleichen Brüche werden zu einer *Äquivalenzklasse* zusammengefasst. Zum Beispiel ist $[\frac{1}{2}, \frac{2}{4}, \frac{3}{6}, ..., \frac{50}{100}, ...]$ eine solche Äquivalenzklasse von quotientengleichen Brüchen.

Jeder Bruch gehört dann zu genau einer Äquivalenzklasse. Diese Klassen bezeichnen wir als *gebrochene* oder *positive rationale Zahlen*. Jede dieser Klassen kann durch einen beliebigen *Repräsentanten* dargestellt werden. Beispiel: $\frac{1}{3}$, $\frac{2}{6}$ und $\frac{100}{300}$ sind Repräsentanten der gleichen gebrochenen Zahl, nämlich $\alpha = [\frac{1}{3}, \frac{2}{6}, \frac{3}{9}, ..., \frac{100}{300}, ...]$. Als Repräsentant benutzen wir konventionell einen gekürzten Bruch. In unserem Beispiel wäre das also $\alpha = [\frac{1}{3}]$. Die Klammer benutzen wir hier, um zwischen der Klasse und ihrem Repräsentanten zu unterscheiden.

> **Definition** (*Erweitern, Kürzen*):
> (1) *Erweitern* heißt: Zähler und Nenner eines Bruchs mit der gleichen Zahl $c \in \square^*$ multiplizieren.
>
> $$\frac{a}{b} = \frac{a \cdot c}{b \cdot c} \text{ mit } a \in \square \text{ und } b, c \in \square^*.$$
>
> (2) *Kürzen* heißt: Zähler und Nenner eines Bruchs durch die gleiche Zahl $c \in \square^*$ dividieren.
>
> $$\frac{a \cdot c}{b \cdot c} = \frac{a}{b} \text{ mit } a \in \square \text{ und } b, c \in \square^*.$$

Bemerkung:

Das Kürzen und Erweitern ist keine Trivialität. Hier geht die eindeutige Primfaktorzerlegung in $\square^*$ ein. Hieraus kann man auch die Existenz und Eindeutigkeit der teilerfremden Darstellung herleiten.

Rechenoperationen:

Es seien $\alpha = [\frac{m}{n}]$ und $\beta = [\frac{p}{q}]$ mit $m, p \in \square$ und $n, q \in \square^*$ gebrochene Zahlen.

Wir legen folgende Rechenoperationen fest:

(ADD) $\alpha + \beta := \left[\dfrac{mq + pn}{nq}\right]$

(SUB) $\alpha - \beta := \left[\dfrac{mq - pn}{nq}\right]$, falls $mq \geq pn$

(MUL) $\alpha \cdot \beta := \left[\dfrac{mp}{nq}\right]$

(DIV) $\alpha : \beta := \left[\dfrac{mq}{np}\right]$, falls $p \neq 0$

Bemerkung:

(1) Aus (DIV) folgt, dass durch jede von 0 verschieden gebrochene Zahl in $\square_0^+$ dividiert werden darf.

(2) Subtraktion und Division sind also die Umkehroperationen der Addition bzw. Multiplikation.

(3) Die Subtraktion ist in $\square_0^+$ nicht immer ausführbar.

Ordnung:

Wir erklären eine *Ordnung* in $\square_0^+$ analog zur Gleichheit. Es gilt:

$$\alpha > \beta \text{ genau dann, wenn } mq > pn.$$

Für diese Ordnung gelten die gleichen Eigenschaften wie für die natürlichen Zahlen.

Eine solche Ordnung ist nur dann sinnig, wenn sie repräsentantenunabhängig ist.

Es sei $[\frac{m}{n}] > [\frac{p}{q}]$, also $mq > pn$. Es seien weiter $\frac{m_1}{n_1}$ eine beliebige Bruchdarstellung aus $[\frac{m}{n}]$ und $\frac{p_1}{q_1}$ eine beliebige Bruchdarstellung aus $[\frac{p}{q}]$.

Behauptung: Es gilt auch $[\frac{m_1}{n_1}] > [\frac{p_1}{q_1}]$.

Beweis: Es gilt gemäß Voraussetzung $mq > pn$. Wir multiplizieren mit $n_1 q_1 > 0$ und erhalten $mn_1 qq_1 > pq_1 nn_1$.

Da gilt $mn_1 = m_1 n$ und $pq_1 = p_1 q$, folgt die Ungleichung $m_1 nqq_1 > p_1 qnn_1$.

Wir dividieren auf beiden Seiten durch $nq > 0$ und erhalten $m_1 q_1 > p_1 q_1$.

Also folgt die Behauptung.

11

> **Satz** (*linear, archimedisch geordnet*):
> Der Bereich $\mathbb{Q}_0^+$ der gebrochenen Zahlen ist *linear* und *archimedisch geordnet*.

Beweis: Man beweist die Aussagen durch Anwendung der Definition des Bruchs und den Eigenschaften der natürlichen Zahlen.

Abbildung von $\mathbb{Q}_0^+$ auf dem Zahlenstrahl:

Unter Beachtung der Ordnung können wir $\mathbb{Q}_0^+$ am Zahlenstrahl abbilden. Die Punkte liegen dicht., d. h. zwischen zwei gebrochenen Zahlen liegt jeweils eine weitere. Beispiel: Seien $\alpha, \beta \in \mathbb{Q}_0^+$, dann liegt $\frac{\alpha+\beta}{2}$ zwischen α und β.

Kommutativ-, Assoziativ- und Distributivgesetz in $\mathbb{Q}_0^+$:

In $\mathbb{Q}_0^+$ gelten das Kommutativ-, das Assoziativ- und das Distributivgesetz für die Addition und die Multiplikation. In den Beweisen benutzt man die Definition der Brüche und die Tatsache, dass diese Gesetze in $\mathbb{Q}$ gelten.

Gebrochene und natürliche Zahlen:

Der Zahlbereich der gebrochenen Zahlen $\mathbb{Q}_0^+$ enthält eine Teilmenge, die den natürlichen Zahlen $\mathbb{N}$ entspricht, nämlich $\left[\frac{0}{1}\right], \left[\frac{1}{1}\right], \left[\frac{2}{1}\right], \left[\frac{3}{1}\right], \left[\frac{4}{1}\right], \dots$ Wenn wir zwei dieser Zahlen $\left[\frac{m}{1}\right]$ und $\left[\frac{n}{1}\right]$ miteinander addieren bzw. multiplizieren, so erhalten wir wieder eine solche Zahl:

(ADD N) $\left[\frac{m}{1}\right] + \left[\frac{n}{1}\right] = \left[\frac{m+n}{1}\right]$

(MUL N) $\left[\frac{m}{1}\right] \cdot \left[\frac{n}{1}\right] = \left[\frac{m \cdot n}{1}\right]$

12

(ORD N) $\left[\frac{m}{1}\right] > \left[\frac{n}{1}\right]$ wenn $m > n$

Wenn wir $\left[\frac{0}{1}\right]$ die natürliche Zahl 0, $\left[\frac{1}{1}\right]$ die natürliche Zahl 1, $\left[\frac{2}{1}\right]$ die natürliche Zahl 2 und allgemein $\left[\frac{k}{1}\right]$ die natürliche Zahl k zuordnen, so lässt sich mit der Zahl $\left[\frac{k}{1}\right]$ wie mit der natürlichen Zahl k rechnen.

> **Satz** (*Isomorphie*):
> Der Teilbereich der gebrochenen Zahlen $\left[\frac{k}{1}\right]$ ist dem Bereich der natürlichen Zahlen *isomorph* hinsichtlich der dort ausführbaren Rechenoperationen und hinsichtlich der Ordnung.

Zahlbereichserweiterung:

Wir können also statt $\left[\frac{k}{1}\right]$ jetzt auch k schreiben. Sie genügen den Peano-Axiomen. Genauso können wir auch bei $\left[\frac{p}{q}\right]$ die Klammer weglassen und $\frac{p}{q}$ schreiben. Allerdings sind die Brüche $\frac{1}{3}$ und $\frac{2}{6}$ nicht identisch, da sie unterschiedliche Zähler und Nenner haben, sie sind aber *quotientengleich*. Die gebrochenen Zahlen $\frac{1}{3}$ und $\frac{2}{6}$ sind hingegen identisch. Die Festsetzung der Rechenoperationen und der Ordnung hatte diese Vereinfachung zum Ziel. Nach dem *Hankelschen Permanenzprinzip* wurde eine *Zahlbereichserweiterung* durchgeführt, so dass die erwähnte *Isomorphie* eingetreten ist. Die Regeln des alten Zahlbereichs, also $\square$, sollten nach Möglichkeit erhalten bleiben.

> **Satz** (*Zahlbereichserweiterung*):
> Der Zahlbereich $\square_0^+$ der gebrochenen Zahlen stellt eine *Erweiterung* des Bereichs der natürlichen Zahlen dar. Er besteht aus den natürlichen Zahlen und den Brüchen.

2.3 Entwicklung der Bruchrechnung in der Schule

In der Fachdidaktik gibt es zwei Zugänge zur Bruchrechnung:

(1) Brüche als Teile des Ganzen

(2) Bruchoperatoren

In den 50er Jahren wurde der erste Zugang, in den 70er Jahren der zweite Zugang favorisiert.[4] Eine Überprüfung der Schulbücher, die in der Fachdidaktikbibliothek Mathematik an der Universität des Saarlandes zur Verfügung stehen, bestätigt diese Behauptung bezüglich der 70er Jahre. Die wenigen vorhandenen Lehrwerke aus den 90er Jahren streben eine Verbindung der beiden Zugänge an. Die Vor- und Nachteile können der folgenden Tabelle entnommen werden.[5]

	Bruchteil-Aspekt	Operator-Aspekt
Einführung	Sehr anschaulich, da die Schüler bei Vertrautem abgeholt werden.	Ungünstig, da ein weiterer Abstraktionsgrad hinzukommt (neue Zahlelemente als Operatoren)
Vergleich	Anschaulich: Vergleich z.B. am Kuchenanteil	Recht abstrakt: Gleiche Brüche bewirken gleiche Zuordnung
Anordnung	Anschaulich: Zum größeren Bruch gehört z.B. die größere Kuchenscheibe	Recht abstrakt: Der größere Bruchoperator ergibt eine kleinere zugeordnete Größe

---

[4] Vgl. http//www.seminar-heidelberg.de/Gymnasium/Mathe/brueche.html

[5] http//www.seminar-heidelberg.de/Gymnasium/Mathe/brueche.html

Addition und Subtraktion	Sehr anschaulich einführbar (z.b. Kuchenteilung)	Wirkt eher gekünstelt, da hier Anteile addiert werden.
Multiplikation und Division	Einführung der Division nur über "Enthaltensein" sinnvoll, 4 : ½ bereitet den Schülern Probleme	Einführung sehr einfach möglich, da die zugrunde liegende Verkettung von Operatoren den Schülern bekannt ist.
Nachteil beider Aspekte	Der jeweils andere Aspekt wird ignoriert	

Heute versucht man, beide Aspekte miteinander zu verbinden. Der saarländische Lehrplan sieht für Klassenstufe 5 den Bruchteil-Aspekt propädeutisch vor.

2.4   Didaktische Reduktion

Schwerpunkt der vorzustellenden Unterrichtsstunde ist die propädeutische Einführung von Bruchteilen. Dieser Weg lässt sich mathematikgeschichtlich begründen, da wie in 2.1 dargestellt der Bruchteil-Begriff älter ist als die Bruchrechnung. Im Rahmen der vorzustellenden Unterrichtsstunde soll der Bruch als Teil eines Ganzen anschaulich eingeführt werden. Ausgehend von Stammbrüchen soll der Sachverhalt auf alle anderen echten Brüche verallgemeinert werden. Des Weiteren werden die Bruchschreibweise und die Begriffe Zähler, Bruchstrich und Nenner eingeführt. Weggelassen werden Kürzen und Erweitern, Anordnung der Zahlen sowie die Rechenoperationen.

Didaktisch-methodische Entscheidungen

3.1 Methodisches Vorgehen

Da es in der vorzustellenden Unterrichtsstunde um eine Propädeutik des Bruchteils geht, soll der Schwerpunkt der Stunde auf der Anschauung liegen, was durch das Tafelbild zum Ausdruck kommt. Auf der ikonischen Ebene sollen die Schüler an Bildern und Skizzen Bruchteile veranschaulichen. Die Schüler sollen auch die Bruchschreibweise formal beherrschen und dies verbalisieren können.[6]

3.2 Lernziele

3.2.1 Stundenziel
Die Schüler sollen Bruchteile erkennen und in der Bruchdarstellung schreiben können.

3.2.2 Feinlernziele
Die Schüler sollen ...
1. Bruchteile heuristisch erfassen, indem sie eine Tafel Schokolade in zwei Hälften, drei Drittel und vier Viertel zerlegen (REORGANISATION / TRANSFER).
2. die Begriffe „Halbe", „Drittel", „Viertel", ... kennen, indem sie sie als Bruch schreiben können (REORGANISATION).

---

[6] Vgl. auch Bruner-Modell in: Friedrich Zech, *Grundkurs Mathematikdidaktik* (Weinheim und Basel, 1977), S. 106.

3. Bruchteile von vorgegebenen Figuren angeben, indem sie abzählen, in wie viele gleiche Teile die Gesamtfigur zerlegt ist und den dunkel dargestellten Teil als Bruch angeben (REORGANISATION).

4. $\frac{1}{n}$ von a ($n \in \Box^*$ und $a \in \Box$) berechnen können, indem sie $a : n$ rechnen (REORGANISATION).

5. die Begriffe Zähler, Nenner, Bruchstrich und Bruch kennen und anwenden können, indem sie einfache Bruchteilaufgaben richtig lösen (REORGANISATION / TRANSFER).

3.3 Lehr- und Sozialformen

Die Problematisierungsphase und die anschließenden Erarbeitungsphasen erfolgen fragend-entwickelnd im Klassenverband, was Vorteile hat, z. B. kann ich an Schlüsselstellen der Erarbeitung gezielt Nachfragen zu Schülerantworten stellen. Damit kann ich sicherstellen, dass die Schüler die Zusammenhänge richtig verstanden haben.

Die neuen Fachbegriffe (Bruch, Zähler, Nenner, Bruchstrich) sollen durch einen sehr kurzen Lehrervortrag eingeführt werden, da davon auszugehen ist, dass die Schüler diese Begriffe noch nicht kennen.

Die erste Übungsphase erfolgt im Frontalunterricht, da diese Übung nicht sehr schwer ist und von den Schülern spontan gelöst werden kann. In den weiteren Übungsphasen werden die Aufgaben in Einzel- oder Partnerarbeit gelöst. Dabei bietet die Partnerarbeit schwächeren Schülern die Möglichkeit, bei Verständnisproblemen ihren Nachbarn zu fragen. Mir als Lehrer bieten diese Phasen der Einzel- bzw. Partnerarbeit die Möglichkeit, mich um schwächere Schüler zu kümmern.

3.4 Lernerfolgskontrollen

Das Erreichen der Lernziele wird während der gesamten Unterrichtsstunde anhand der mündlichen Schülerantworten und Schülerbeiträgen überprüft. Auch in den Übungsphasen kann ich mir einen Überblick über den Lernerfolg der Schüler verschaffen, insbesondere bei der ersten Übungsphase, die spontan gelöst werden soll.

3.5 Medien

Nennung, Beschreibung und methodische Begründung der verwendeten Medien:

Medium	methodisch-didaktische Begründung
Tafel (TA) und Kreide (weiß und farbig)	Die Tafel dient zur Fixierung der Ergebnisse. Mit den Schülerbeiträgen, z. B. weitere Ausführungen, kann so flexibel umgegangen werden.
Realien (Schokolade)	Mit den Realien wird die vorbereitende Hausaufgabe praktisch vorgeführt. Dies wirkt auf die Schüler motivierend.
Arbeitsblatt AB1 (6.2)	Aus zeitökonomischen Gründen habe ich ein Arbeitsblatt AB1 vorbereitet, so dass die Schüler schneller von der Tafel abschreiben können und Probleme beim Abmalen, die nicht themenrelevant sind, vermieden werden können.
Arbeitsblatt AB2 (6.3)	Da die vorzustellende Unterrichtsstunde eine Einstiegsstunde in das Thema „Bruchteile" ist, eine geeignete Einstiegsaufgabe im Buch fehlt und die

	Schüler nicht vorarbeiten sollen, wird die Hausaufgabe auf einem Arbeitsblatt gestellt.
Arbeitsblatt AB3 (6.3) Folie F1	Arbeitsblatt AB3 und Folie F1 enthalten einfache Übungen zu Bruchteilen.
Schulbuch	Aufgabe 2 und Aufgabe 3 auf Seite 241; Aufgabe 6 auf Seite 243; Festigung des Gelernten.

3.6 Hausaufgaben

Als vorbereitende Hausaufgabe sollen die Schüler eine Textaufgabe lösen, in der eine Tafel Schokolade auf zwei, drei bzw. vier Freunde aufgeteilt werden soll. Die Aufgabe ist dem Schüleralltag entnommen, veranschaulicht das mathematische Problem und wirkt auf die Schüler sehr motivierend.

Als nachbereitende Hausaufgabe sollen die Schüler die Aufgabe 3, S. 241, in der Aufgabensammlung lösen.

4. Verlauf der Stunde

US	LZ	Lehrer-Schüler-Interaktion	Medien
1	1	L begrüßt die S und überprüft ihre Anwesenheit. **Einstieg:** L zeigt S zwei Tafeln Schokolade. Er problematisiert das Stundenthema und bespricht mit den S die Hausaufgaben.	AB2 und Realien (Schokolade)
2	1, 2	**Erarbeitungsphase I:** Am Beispiel der Hausaufgabe wird der Begriff Bruchteil erarbeitet. Es wird ein Tafelbild erstellt, in dem eine Definition des Stammbruchs gegeben und visualisiert wird. Die Schüler erhalten ein vorbereitetes Arbeitsblatt AB1, auf das sie das Tafelbild übertragen und später in ihr Merkheft einkleben.	TA, AB1
3	3	**Übungsphase I:** S lösen einfache Übung zu Bruchteilen mit direkter Besprechung. S schreiben Lösung auf AB3, L auf F1.	AB3, F1
4	4	**Übungsphase II:** S bearbeiten Aufgabe 6, Seite 243 im Buch. Anschließend folgt die Besprechung.	Buch
5	5	**Erarbeitungsphase II:** Klasse erarbeitet die Darstellung eines Bruchs. Teile in 3 Teile, nimm 2 Teile. Einführung von Zähler, Bruchstrich und Nenner.	TA

6	5	**Übungsphase III:** S lösen einfache Aufgaben (Aufgabe 3 von AB3 und Aufgabe 2, Seite 241).	AB3, Buch
7		L stellt die Hausaufgabe.	Buch

5. Literaturverzeichnis

5.1 Lehrplan

Saarland – Der Minister für Kultus, Bildung und Wissenschaft. *Lehrplan Mathematik Achtjähriges Gymnasium. Klassenstufe 5.* Dillingen: Krüger, 2001.

5.2 Lehrwerk

Schmid, August, und Ingo Weidig. *Lambacher Schweizer 5. Mathematisches Unterrichtswerk für Gymnasium. Ausgabe für das achtjährige Gymnasium im Saarland.* Stuttgart: Ernst Klett, 2001.

5.3 Weitere Schulbücher

Böhmer, J. Peter. *Gamma 6. Mathematik für Gymnasien.* Stuttgart: Ernst Klettt, 1977.

Czech, Walter et al. *Basis Mathematik 6. Ausgabe NRW.* München: Bayerischer Schulbuchverlag, 1991.

Hahn, Otto und Jürgen Dzewas. *Mathematik 6.* Braunschweig: Westermann, 1978.

Kreusch, Jochen. *Meine täglichen Übungen in Mathematik. Klasse 6. Heft 1 und 2.* Berlin: Paetec, 1994.

Olmscheid, Werner und Reiner Speicher. *Mathematik. Aufgaben. Erweiterte Realschule 6.* Dillingen: Softfrutti, 1999.

Pohlmann, Dietrich und Werner Stoye. *Mathematik plus. Gymnasium Klasse 6. Nordrhein-Westfalen.* Berlin: Volk und Wissen, 2000.

Wellenreuther, Martin. *Bruchrechnung 1. Grundlagen der Bruchrechnung.* Berlin: Cornelsen, 1994.

Wörle, Karl. *Mathematik 6.* München: Bayerischer Schulbuchverlag, 1972.

5.4 Fachliteratur und fachdidaktische Literatur

Courant, Richard, und Herbert Robbins. *Was ist Mathematik?* Berlin: Springer, 1992.

Christmann, Norbert. *Einführung in die Mathematik-Didaktik.* Paderborn: Schöningh, 1980.

Engelmann, Lutz. *Kleiner Leitfaden Mathematik.* Berlin: Paetec Verlag, 1996.

Félix, Lucienne. *Elementarmathematik in moderner Darstellung.* Braunschweig: Vieweg, 1969.

Geller, Walter. *Mathematik Ratgeber.* Frankfurt: Harri Deutsch, 1988.

Kirsch, Arnold. *Mathematik wirklich verstehen.* Köln: Aulis Verlag, 1987.

Meschkowski, Herbert. *Didaktik der Mathematik II.* Stuttgart: Ernst Klett, 1972.

Padberg, Friedhelm. „Didaktik der Bruchrechnung." *MU: Der Mathematikunterricht* 46:2 (2000).

Popp, Walther. *Fachdidaktik Mathematik.* Köln: Aulis Verlag, 1999.

Reinhardt, Fritz, und Heinrich Soeder. *dtv-Atlas zur Mathematik. Band 1.* München: dtv, 1974.

Scheid, Harald, und Dieter Kindinger. *Schüler Duden: Mathematik I.* Mannheim: Dudenverlag, 1999.

Strehl, Reinhard. *Zahlbereiche.* Freiburg: Herder, 1972.

Zech, Friedrich. *Grundkurs: Mathematikdidaktik.* Weinheim: Beltz, 1977.

http//www.seminar-heidelberg.de/Gymnasium/Mathe/brueche.html

6.   Anhang

6.1   Geplantes Tafelbild

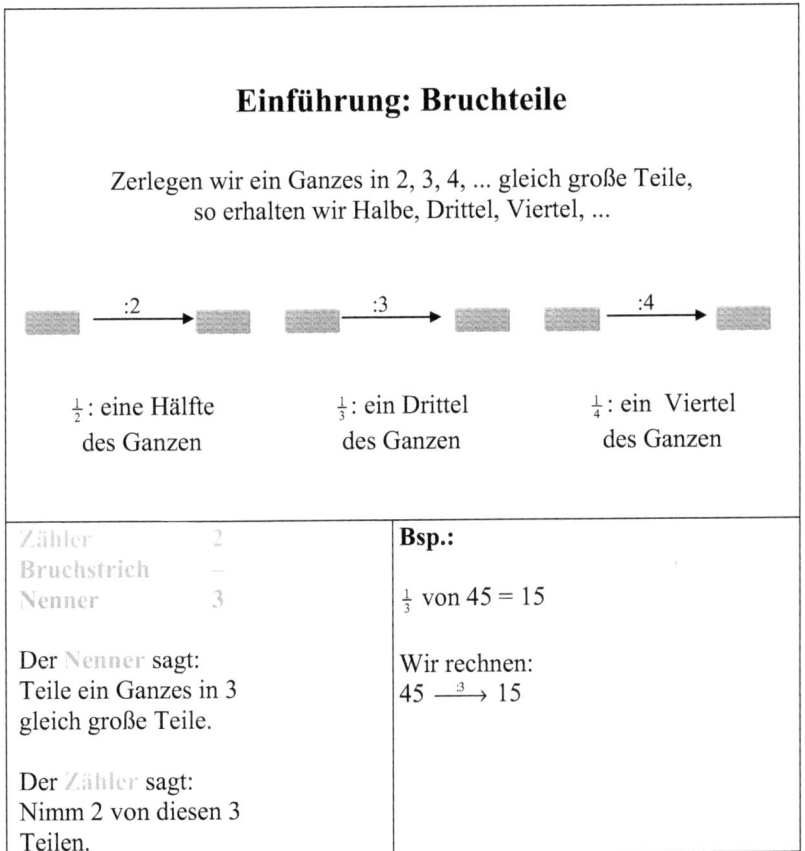

Einführung: Bruchteile

Zerlegen wir ein Ganzes in 2, 3, 4, ... gleich große Teile,
so erhalten wir Halbe, Drittel, Viertel, ...

$\frac{1}{2}$: eine Hälfte
des Ganzen

$\frac{1}{3}$: ein Drittel
des Ganzen

$\frac{1}{4}$: ein Viertel
des Ganzen

Zähler 2	**Bsp.:**
Bruchstrich –	
Nenner 3	$\frac{1}{3}$ von 45 = 15
Der Nenner sagt:	Wir rechnen:
Teile ein Ganzes in 3	$45 \xrightarrow{\ 3\ } 15$
gleich große Teile.	
Der Zähler sagt:	
Nimm 2 von diesen 3	
Teilen.	

6.2   Arbeitsblatt 1

Einführung: Bruchteile

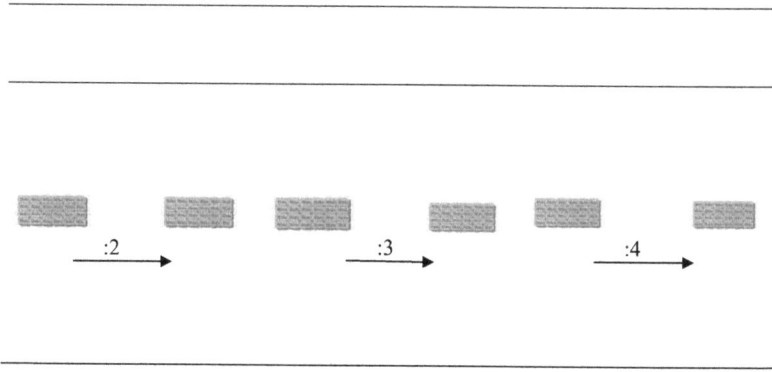

6.3 Arbeitsblatt 2

1. Die Oma schenkt Franziska und Yannik eine Tafel Schokolade. Die beiden teilen die Tafel Schokolade gerecht in gleiche Anteile auf. Markiere Franziskas Anteil farbig.

2. Die Oma schenkt Daniel, Lisa und Felix eine Tafel Schokolade. Die drei teilen die Tafel Schokolade gerecht in gleiche Anteile auf. Markiere Daniels Anteil farbig.

3. Die Oma schenkt Dagmar, Susanne, Barbara und Janina eine Tafel Schokolade. Die vier teilen die Tafel Schokolade gerecht in gleiche Anteile auf. Markiere Dagmars Anteil farbig.

6.4 Arbeitsblatt 3

Übungen zu Bruchteilen

1. Überlege dir, in wie viele gleiche Teile die gesamte Figur zerlegt ist und schreibe den
dunkel dargestellten Teil als Bruch.

———   ———   ———   ———   ———   ———   ———

2. Schreibe als Bruch.

ein Viertel : ——   ein Sechstel : ——   ein Achtel : ——

ein Halbes : ——   ein Fünftel : ——   ein Zehntel : ——

3. Ergänze die Tabelle.

Anzahl der Teile			
dunkler Teil			
Restteil			

Vom gleichen Autor

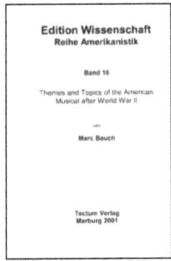

Bauch, Marc. *Themes and Topics of the American Musical after World War II*. Edition Wissenschaft. Reihe Amerikanistik. Band 16. Marburg: Tectum Verlag, 2001

ISBN: 3-8288-1141-8

Bauch, Marc. *The American Musical*. Marburg: Tectum Verlag, 2003.

ISBN: 3-8288-8458-X

Bauch, Marc. *Einsatz des graphikfähigen Taschenrechners und Taschencomputers im Mathematikunterricht*. Stuttgart: Wiku-Verlag, 2004.

ISBN: 3-936749-37-X

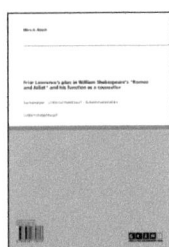

Bauch, Marc. *Friar Lawrence's Plan in William Shakespeare's ROMEO AND JULIET and His Function as a Counsellor*. München: Grin, 2007.

ISBN: 978-3-638-77449-9

Bauch, Marc. *Textarbeit mit kommunikativen Übungen im Englischunterricht.* München: Grin, 2007.

ISBN: 978-3-638-85449-8

Bauch, Marc. *Teaching Grammar: Conditional Clauses.* München: Grin, 2007.

In Vorbereitung:

Bauch, Marc. *Schneiden und Berühren von Funktionsgraphen.* München: Grin, 2007.

---. *Additionsverfahren: Algorithmus und Lösbarkeit.* München, Grin, 2007.

---. *Zahlbereichserweiterung durch Bruchteile.* München: Grin, 2007.

Über den Autor

Marc A. Bauch, geb. 1973 in Hermeskeil

- Studium der Mathematik, Amerikanistik und Informatik an der Universität des Saarlandes, der Universität Hagen und der University of Glasgow
- Hochschullehrtätigkeiten in Mathematik und Amerikanistik an der Universität des Saarlandes
- Referendariat am Staatlichen Studienseminar in Neunkirchen in den Fächern Mathematik und Englisch
- seit 2002 Juror im Fachgebiet Mathematik / Informatik beim Regionalwettbewerb „Jugend forscht" in Bitburg
- Redakteur und Moderator bei „Univox – dem saarländischen Hochschulradio"
- Mitglied in der Deutschen Gesellschaft für Amerikastudien und der Gesellschaft für Kanadastudien
- zurzeit Studienrat für Mathematik, Englisch und Informatik am Peter-Wust-Gymnasium in Wittlich.

Veröffentlichungen:

Themes and Topics of the American Musical after World War II (Marburg, 2001)

The American Musical (Marburg, 2003)

Einsatz des graphikfähigen Taschenrechners und Taschencomputers im Mathematikunterricht (Stuttgart, 2004)

Friar Lawrence's Plan in William Shakespeare's Romeo and Juliet and His Function as a Counsellor (München 2007)

Teaching Grammar: Conditional Clauses (München 2007)

Textarbeit mit kommunikativen Übungen im Englischunterricht (München, 2007)